BEI GRIN MACHT SICH IHR WISSEN BEZAHLT

- Wir veröffentlichen Ihre Hausarbeit,
  Bachelor- und Masterarbeit

- Ihr eigenes eBook und Buch -
  weltweit in allen wichtigen Shops

- Verdienen Sie an jedem Verkauf

Jetzt bei www.GRIN.com hochladen
und kostenlos publizieren

Patrick Schuller

Schätzen - Vergleichen - Wiegen

GRIN Verlag

Bibliografische Information der Deutschen Nationalbibliothek:

Die Deutsche Bibliothek verzeichnet diese Publikation in der Deutschen National-
bibliografie; detaillierte bibliografische Daten sind im Internet über http://dnb.d-
nb.de/ abrufbar.

Impressum:

Copyright © 2011 GRIN Verlag, Open Publishing GmbH
Druck und Bindung: Books on Demand GmbH, Norderstedt Germany
ISBN: 978-3-640-98417-6

Dieses Buch bei GRIN:

http://www.grin.com/de/e-book/176988/schaetzen-vergleichen-wiegen

GRIN - Your knowledge has value

Der GRIN Verlag publiziert seit 1998 wissenschaftliche Arbeiten von Studenten, Hochschullehrern und anderen Akademikern als eBook und gedrucktes Buch. Die Verlagswebsite www.grin.com ist die ideale Plattform zur Veröffentlichung von Hausarbeiten, Abschlussarbeiten, wissenschaftlichen Aufsätzen, Dissertationen und Fachbüchern.

Besuchen Sie uns im Internet:

http://www.grin.com/

http://www.facebook.com/grincom

http://www.twitter.com/grin_com

Ausführlicher Unterrichtsentwurf zum Thema

Schätzen
Vergleichen
Wiegen

Name:	XXX
Schule:	GHRS XXX
Klasse:	4c
Fach:	Mathematik
Mentorin:	XXX
Datum:	24.01.2011, 11.00 - 11.15 Uhr

Inhaltsverzeichnis

1 Bedingungsanalyse

1.1 Die Schule

Die XXX ist eine Grund-, Haupt- und Realschule mit derzeit 551 Schülern. Das Einzugsgebiet für die Grundschule umfasst größtenteils die Ortschaft XXX, wobei Schüler von der Hauptschule auch aus den umliegenden Ortschaften XXX und XXX sowie Schüler von der Realschule auch aus den Orten XXX, XXX, XXX und XXX diese Schule besuchen.

Die Lage auf der Schwäbischen Alb, mit einer Entfernung von etwa 20 km zur Stadt XXX, kann als ländlich und ruhig bezeichnet werden.

Die Grundschule setzt sich aus fünf Klassen mit insgesamt 116 Schülern zusammen, was einem Durchschnitt von 23,2 Kindern pro Klasse entspricht.

Räumlich besteht die Schule aus mehreren Gebäuden, in denen die verschiedenen Schularten untergebracht sind. Im Gebäude B2, in dem die Klasse 4c unterrichtet wird, befinden sich vier Klassenzimmer, eine Küche sowie Lehrer- bzw. Schülertoiletten.

Der Klassenraum der Klasse 4c ist groß genug, sodass trotz drei Gruppentischen und vier Einzeltischen ein Sitzkreis im hinteren Bereich des Zimmers eingerichtet werden kann. Des Weiteren befindet sich vor dem Klassenzimmer ein Gruppentisch, an dem gearbeitet werden kann.

1.2 Zur Situation der Klasse

Die jetzige 4c wurde zu Beginn des dritten Schuljahres aus zwei verschiedenen jahrgangsgemischten Klassen gebildet. Die Kollegin, die die dritte Klasse übernommen hatte, war im vergangenen Schuljahr häufig krank, sodass sich die Klasse nur schwer zusammen finden konnte. Viele Schüler und Schülerinnen sind mit dem ständigen Lehrerwechsel nur schwer zurecht gekommen. Erst im letzten Drittel des vergangenen Schuljahres gab es eine verlässliche Vertretung und die Klasse begann damit, eine Klassengemeinschaft zu entwickeln.

Die 4. Klasse besuchen zurzeit 21 Kinder, 10 Jungs und 11 Mädchen. Allgemein ist die Klasse, bedingt durch einige impulsive Kinder, eine sehr lebhafte und mitunter laute Gemeinschaft. Vorteilhaft ist dies in gewissen Phasen, in denen Mitarbeit und Tatendrang gefordert werden. Von Nachteil ist dies wiederum in stillen Perioden und Sitzkreisen, in denen sich häufig schon nach wenigen Minuten die Aufmerksamkeit eher auf den Sitznachbarn, als auf den thematischen Gegenstand konzentriert. Dennoch muss der Sitzkreis als eine methodische Form des Unterrichtseinstiegs weiterhin geübt und verbessert werden.

Auch in anschließenden Partner- bzw. Gruppenarbeitsphasen setzt sich die Lebhaftigkeit der Schüler häufig weiter fort, was zu einem gewissen Lautstärkepegel führt, der in der Regel jedoch in einem akzeptablen Rahmen bleibt.

Drei Schüler dieser Klasse sitzen an Einzeltischen, da sie in einer Gruppe oftmals Schwierigkeiten haben, sich zu konzentrieren und sich sehr schnell von ihren Mitschülern ablenken lassen.

Besonders hervorzuheben ist, dass drei Kinder in der Klasse an ADHS (lt. ärztlicher Diagnose) leiden, zwei davon leben mit Beruhigungsmitteln.

Zwei weitere Schüler leben aufgrund problematischer Familienverhältnisse in Pflegefamilien.

Eine Schülerin ist vor etwas mehr als zwei Jahren von Polen nach Deutschland gekommen und beherrscht die deutsche Sprache nur bruchstückhaft, was sich oftmals in Schwierigkeiten des Aufgabenverständnisses äußert. Mathematik jedoch fällt ihr größtenteils nicht besonders schwer. Darüber hinaus ist diese Schülerin stark sehbehindert, wogegen im Moment, mangels Elternmitarbeit, nichts unternommen werden kann.

2 Sachanalyse

Das Thema Gewicht ist dem mathematischen Bereich Größen zuzuordnen, zu dem auch Geldwerte und Längen sowie Zeit-, Flächen- und Rauminhalte gehören.

Der Begriff Gewicht wird als Kurzform für Gewichtskraft verwendet. Die Gewichtskraft ist die Kraft, mit der ein Körper durch die Erdanziehungskraft zum Erdmittelpunkt hin beschleunigt wird. Im allgemeinen Sprachgebrauch wird Gewicht synonym für den Begriff Masse verwendet, obwohl ihm physikalisch gesehen eine andere Bedeutung zukommt. Masse bezeichnet nämlich eine ortsunabhängige Materieneigenschaft, die durch die Einheit Kilogramm bestimmt wird. Das Gewicht dagegen ist im eigentlichen Sinne die Anziehungskraft, die auf seine Masse einwirkt und wird in Newton (N) angegeben.

Repräsentanten für diese Größe können beliebige Körper sein. Wenn man sie vergleicht, gelangt man zu einer Ordnungsrelation (ist schwerer/leichter als) oder Äquivalenzrelation (ist genauso schwer wie). Das Wissen um die Relationen ist die Voraussetzung um eine bestimmte Reihenfolge festzulegen.

Das Schätzen mir den Händen oder das Wiegen mit einer Tafel- oder Balkenwaage bezeichnet man als direkten Vergleich. Der direkte Vergleich durch Schätzen mit den Händen ist nur begrenzt möglich. Von der Größe (dem Volumen) eines Gegenstandes kann nicht auf das Gewicht geschlossen werden. Außerdem sind das Gewichtsempfinden mit der rechten und linken Hand und auch der Druck, der auf der Handfläche je nach Auflagefläche gespürt wird, unterschiedlich. Der Gewichtsvergleich durch Schätzen bei ähnlichem Gewicht der Repräsentanten ermöglicht keine eindeutige Festlegung, welcher der beiden Körper leichter oder schwerer ist. Aus diesem Grund lässt sich die Notwendigkeit der Verwendung von standardisierten Messinstrumenten (Waagen) ableiten.

Die Tafel- und die Balkenwaage sind, wie eingangs beschrieben, geeignete Hilfsmittel für einen direkten Vergleich zweier Gegenstände. Beide Waagen sind mechanische Waagen, die Funktionsweise beruht auf dem Hebelprinzip. Der Körper, der eine größere Kraft auf die Waagschale ausübt, ist schwerer als der andere Körper und verfügt demnach über das größere Gewicht. Stehen die beiden Waagschalen genau auf gleicher Höhe, sind die Kräfte, die die beiden Körper auf die Waagschalen ausüben, gleich groß. Demnach sind die beiden Repräsentanten gleich schwer und haben das gleiche Gewicht. Auf diese Weise lassen sich in mehreren direkten Vergleichen auch mehr als zwei Gegenstände bezüglich ihres Gewichts vergleichen und es kann eine Reihenfolge festgelegt werden.

Die Federwaage ist ein Messgerät, welches durch die Dehnung einer Schraubenfeder die Gewichtskraft anzeigt, mit der die Gravitation am Körper zieht. Durch eine Zugkraft, die auf die Feder einwirkt, wird diese linear gedehnt und zeigt diese auf einer Skala an. Die Messgenauigkeit wird dabei jedoch durch einige Faktoren (Reibung, Klemmung der Feder) eingeschränkt und lässt somit nur eine grobe Bestimmung zu.

3 Didaktische Analyse

3.1 Bildungsplanbezug

Eine der zentralen Aufgaben des Mathematikunterrichts in der Grundschule ist es, die Kinder darin zu schulen „allein und mit anderen, individuelle und gemeinsame Lösungswege und Antworten für Fragen und Probleme zu finden."[1] Des Weiteren sollen die Schülerinnen und Schüler Lösungswege darstellen, analysieren und bearbeiten können.[2] In dieser Stunde soll dies gefördert werden, indem die Kinder in Partnerarbeit an verschiedenen Stationen eigene Lösungswege finden und diese in Teams besprechen.

Darüber hinaus ist der „handelnde Umgang mit Materialien der Umwelt oder der Einsatz didaktisch ausgewählter Arbeitsmittel unter mathematischer Fragestellung"[3] ein zentrales Anliegen des Mathematikunterrichts. Dies soll in der Stunde insofern umgesetzt werden, als dass die Schüler mit Hilfe von verschiedenen Waagen Dinge aus ihrem Alltag wiegen und miteinander vergleichen. Zudem wurde Wert darauf gelegt, die einzelnen Stationsangebote „motivierend, fordernd und fördernd zu gestalten"[4], so dass Freude an mathematischem Lernen geweckt wird.

Das Stundenthema „Schätzen – Vergleichen – Wiegen" ist im neuen Bildungsplan 2004 der Grundschule im Wesentlichen in die „2. Leitidee: Messen und Größen"[5] integriert. Im Rahmen dieser Leitidee stehen besonders folgende Kompetenzen im Vordergrund:

Die Schülerinnen und Schüler können

- mit geeigneten nichtstandardisierten und standardisierten Einheiten in allen relevanten Größenbereichen experimentell und problembezogen messen

- ihr Wissen und Können im Umgang mit Größen zur Klärung realistischer, kindgemäßer Sachverhalte nutzen[6]

---

[1] Bildungsplan 2004 GS, S. 54
[2] vgl. Bildungsplan 2004 GS, S. 54
[3] Bildungsplan 2004 GS, S. 54
[4] Bildungsplan 2004 GS, S. 54
[5] Bildungsplan 2004 GS, S. 61
[6] Bildungsplan 2004 GS, S. 61

Diese Kompetenzen sollen in der Stunde mit dem Bildungsplaninhalt Gewichte angebahnt werden.

3.2 Bedeutung des Themas für die Schüler

Die Kinder werden im Alltag häufig mit Größen jeglicher Art konfrontiert. Besonders beim Einkaufen im Supermarkt und im Haushalt werden Nahrungsmittel und andere Gegenstände in Verpackungseinheiten mit der Aufschrift „Gramm (g)" und „Kilogramm (kg)" verwendet. Damit bringen die meisten Kinder grundlegende Vorkenntnisse auch über die Größe des Gewichts mit.

Der Umgang mit der Waage, z.B. beim Abwiegen des Obstes an der Selbstbedienungswaage oder beim Kochen nach Rezept, wird vorausgesetzt. Die Schaffung von Größenvorstellungen, das Ermitteln von Gewichten durch Schätzen und die Überprüfung durch Waagen im Unterricht sind exemplarisch für Situationen im Leben der Kinder.

3.3 Einbettung der Stunde in die Unterrichtseinheit

DATUM	STUNDENINHALT
24.01.11	**Schätzen – Vergleichen – Wiegen**
25.01.11	Offene Aufgaben zum Wiegen
27.01.11	Umrechnung kg – g
28.01.11	Einführung Tonne (t)
28.01.11	Übungen zur Umrechnung t – kg – g

3.4 Vorkenntnisse der Schüler

Fundamentale Erfahrungen im Inhaltsbereich Größen haben die Kinder bereits in der dritten Klasse mit Gewichten gemacht, wobei vermutlich bereits Techniken des Vergleichens, Schätzens und Messens angewendet wurden.
Der Umgang mit der Tafelwaage kann daher vorausgesetzt werden. Ebenfalls in Klasse 3 sind den Kindern die Begriffe Kilogramm und Gramm begegnet, die sie

benutzen und einem Gegenstand als Gewichtskraft zuordnen können. Eine genauere Auseinandersetzung bspw. mit der Umrechnung in die jeweils andere Einheit hat allerdings noch nicht stattgefunden und wird im Verlauf dieser Unterrichtseinheit behandelt. Für das Schreiben und Rechnen mit den Zahlen besitzen die Kinder sichere Kenntnisse bezüglich der schriftlichen Addition, Subtraktion, Multiplikation und Division im Zahlenrum bis 10 000 und können diese auf das Rechnen mit den Einheiten der Masse anwenden. Weiterhin sind die Kinder das Arbeiten an Stationen gewöhnt.

3.5 Didaktische Reduktion

Da die Schüler in der ersten Stunde der Unterrichtseinheit Gewichte bereits gemachte Erfahrungen nochmals wiederholen und somit an Fähigkeiten und Fertigkeiten anknüpfen, steht das Schätzen, Vergleichen und Wiegen im Vordergrund. Dabei habe ich darauf geachtet, dass noch keinerlei Umrechnungen in andere Einheiten (kg – g, t – kg) nötig sind, da dies für die meisten Kinder noch neu ist. Um die Schüler nicht zu verunsichern, wird auch darauf verzichtet, die korrekten physikalischen Fachtermini zu verwenden. Es wird der alltagssprachliche Gebrauch des Begriffs „Gewicht" benutzt und nicht der eigentlich exakte der „Masse" (siehe 2. Sachanalyse).

3.6 Unterrichtsziele

Abgeleitet aus den Kompetenzen im Bildungsplan 2004 ergeben sich folgende Unterrichtsziele:

Die Schülerinnen und Schüler

- machen weitere Erfahrungen im Schätzen, Vergleichen und Wiegen von verschiedenen Gegenständen.
- lernen unterschiedliche Waagen kennen.

4 Methodische Analyse

4.1 Einstieg

Die Stunde beginnt mit einem stummen Impuls. Dafür werden die Kinder im Stuhlkreis versammelt, sodass jedes Kind die ausliegenden Materialien gut sehen kann. Auf diese Weise habe ich auch die Möglichkeit, während des Gesprächs auf jeden einzelnen Schüler einzugehen, da ich jedes Kind gut im Blick habe. Als Impuls dienen unterschiedliche Waagen, die korrekt benannt werden sollen. Die Schüler sollen herausarbeiten, welche Waage sich zum Wiegen und welche zum Vergleichen von Gegenständen besonders gut eignet.

4.2 Organisation der Stationen

In dieser wichtigen Phase wird der Grundstein für eine problemfreie Stationsarbeit gelegt. Hierbei wird das genaue Vorgehen bei den einzelnen Aufgaben erklärt und die Einteilung zu den jeweiligen Stationen vorgenommen. Weiterhin erhalten die Kinder ein „Stationenheft", in dem alle Arbeitsaufträge vermerkt sind. So soll eine lose Blattsammlung verhindert werden, die ein möglicher Grund für Ablenkungen und Störungen im Lernprozess darstellen könnten. Nach der Organisation verlassen die Kinder den Sitzkreis und nehmen sich ihr benötigtes Material selbständig.

4.3 Stationsarbeit

An den drei Stationen können die Kinder verschiedenen Erfahrungen zum Thema Gewichte sammeln.

An der ersten Station sollen sie mithilfe ihrer Hände zwei unterschiedliche Gegenstände vergleichen und aufschreiben, ob der eine Gegenstand schwerer, leichter oder gleich schwer ist als der andere. Das Ergebnis dieses ersten Vergleiches wird bei der zweiten Aufgabe an dieser Station verifiziert oder ggfs. falsifiziert, indem sie die Gegenstände auf eine bereitstehende Tafelwaage legen. Auch hier sollen die Schüler eintragen, welcher Gegenstand schwerer, leichter oder gar gleich schwer ist.

An der zweiten Station wird das Augenmerk auf das Schätzen von Gegenständen gelegt. Hierbei soll das Gewicht unterschiedlicher Materialien zuerst geschätzt und anschließend mit einer Küchenwaage nachgewogen werden.

Bei der zweiten Aufgabe dieser Station wird das Schätzen auf schwerere und schwieriger zu fassende Objekte übertragen. Es soll bspw. das Gewicht der gesamten Klasse überschlagen werden und auf einem Plakat an der Tafel festgehalten werden. Die Station bietet zudem die Möglichkeit, dies in folgenden Stunden konkret nachzuprüfen.

An der dritten Station wird mit unterschiedlichen Waagen gewogen. Es sollen mit einer Personenwaage, einer Federwaage oder der Tafelwaage bestimmte Gegenstände gewogen werden. Als Steigerung dieses Wiegens muss bei der zweiten Aufgabe an dieser Station das halbschriftliche Rechenverfahren der Multiplikation angewendet werden, um bspw. das Gesamtgewicht von allen Mathebüchern zu ermitteln.

Als Zusatz-Station, die zur Überbrückung von Wartezeiten oder als Differenzierung für besonders schnelle Gruppen eingesetzt werden kann, dienen insgesamt drei weitere Aufgaben, die sich in ihrem Schwierigkeitsgrad steigern. Mit Hilfe des Materials kann – basierend auf Versuch und Irrtum, aber auch durch systematisches Ausprobieren – bspw. festgestellt werden, wie viele Büroklammern sich in einer großen Box befinden.

Durch die Kommunikation und das Argumentieren der Schüler untereinander wird bei allen Stationen auch das soziale Lernen ermöglicht und gefördert.

4.4 Abschluss

Als Abschluss der Unterrichtsstunde werden die Schätzaufgaben auf den Plakaten an der Tafel nochmals thematisiert und darauf verwiesen, dass wir das Gewicht der Klasse in einer der folgenden Stunden exakt berechnen werden. Dieser Ausblick auf eine kommende Stunde soll die Motivation und die Vorfreude der Schüler auf den Matheunterricht weiter fördern.

5 Verlaufsplanung

Klasse:	Thema:			
4c	Gewichte: Schätzen – Vergleichen – Wiegen		**Fach** Mathematik	
Ziele und Kompetenzen:			**Mentorin:** XXX	
			Lehrer: XXX	

Ziele und Kompetenzen:
- machen weitere Erfahrungen im Schätzen, Vergleichen und Wiegen von verschiedenen Gegenständen.
- lernen unterschiedliche Waagen kennen.

Zeit:	Inhaltliche Gliederung:	Didaktischer / Methodischer Hinweis:	Sozialform:	Material:
11.00 Uhr	**Begrüßung** - der Kinder + Besuch			
11.05 Uhr	**Einstieg** - Stummer Impuls: Was könnte unser heutiges Thema sein? → Um mit diesen Waagen zu arbeiten machen wir 3 Stationen.	Mögliche Fragen: Welche Waagen kennt ihr schon? Wie heißen sie? Wie kann ich damit messen?	Sitzkreis	Tafelwaage, Federwaage, Personen- waage, Küchenwaage, Kärtchen, Gewichte
11.12 Uhr	**Organisation der Stationen** - Station 1: Gruppentisch draußen (Marvin + Altin, Silke + Anna, Michelle + Maik, Nico + Ingrid) - Station 2: Gruppentisch Tafel (Merlin + Charlotte, Samuel + Natalia, Sophie + Max) - Station 3: Gruppentisch Tür (Michael + Filiz, Katharina + Leon, Katharina + Lukas) - Zusatz: Gruppentisch Fenster	Stationenheft: Immer 2 Seiten pro Station! Arbeitsform: Paarweise! „Wenn ein 2er Team eine Station fertig hat und alle anderen Stationen belegt sind → Zusatz"	Sitzkreis	s.o. Stationenheft, Plakate
11.17 Uhr	**Stationsarbeit** - eigenständiges Wechseln der Stationen		PA	
11.42 Uhr	**Abschluss** - Schätzfragen an der Tafel auflösen	→ Lösungen selbst herausfinden (Klasse wiegen)	Plenum	Plakate
11.45 Uhr	**Stundenende**			

12

6 Literatur

Ministerium für Kultus, Jugend und Sport Baden Württemberg (Hrsg.): Bildungsplan 2004 Grundschule

Varnhorn, B.; Braun, A.: Bertelsmann. Jugendlexikon. Wissen Media Verlag GmbH, Gütersloh/München. 2008

Schule 2002. Grundstock des Wissens für die Sekundarstufen 1 und 2. Serges Medien GmbH, Köln und Oldenburg. 2001

Hengartner, E. (Hrsg.): Mit Kindern lernen. Standorte und Denkwege im Mathematikunterricht. Klett und Balmer Verlag, Zug. 1999

Radatz H. und Schipper, W.: Handbuch für den Mathematikunterricht an Grundschulen. Hannover: Schroedel 1983

GEWICHTE

schätzen – vergleichen – wiegen

Station 1: Vergleiche mit den Händen das Gewicht dieser

Gegenstände und schreibe das Ergebnis auf.

---

leichter als – schwerer als – so schwer wie

Das Lineal ist _____ das Rechenheft.

Das Schreibmäppchen ist _____ drei Flex & Flo.

Der Radiergummi ist _____ mein Bleistift.

Schreibe zwei weitere Beispiele auf:

_____

_____

Station 1: Vergleiche mit der Tafelwaage das Gewicht dieser

Gegenstände und schreibe das Ergebnis auf.

---

leichter als – schwerer als – so schwer wie

Das Lineal ist _____ das Rechenheft.

Das Schreibmäppchen ist _____ drei Flex & Flo.

Der Radiergummi ist _____ mein Bleistift.

Schreibe zwei weitere Beispiele auf:

_____

_____

Station 2: Schätze das Gewicht dieser Gegenstände. Kontrolliere

danach deine Schätzung mit der Küchenwaage.

Gegenstand	Schätzung	Gewicht
Mein Matheheft		
Mein Schreibmäppchen		
Mein Flex & Flo		
Das Tafel-Geodreieck		

Station 2: Schätze das Gewicht dieser Gegenstände.

Der Elefant wiegt _____.

Das Fahrrad wiegt _____.

Meine Klasse wiegt insgesamt _____.

Schreibe dein geschätztes Gewicht auf die Plakate an der Tafel.

Station 3: Wiege mit der Federwaage oder der Personenwaage das Gewicht dieser Gegenstände und schreibe das Ergebnis auf.

Mein Schulranzen wiegt _____ .

Ich wiege _____ .

Mein Partner wiegt _____ .

Mein Stuhl wiegt _____ .

Station 3: Wiege mit der Tafelwaage das Gewicht dieser Gegenstände und schreibe das Ergebnis auf.

Eine CD-Hülle wiegt _____ .

Wie viel wiegen 20 CD-Hüllen? _____ .

Ein Flex & Flo wiegt _____ .

Wie viel wiegen alle Flex & Flo aus eurer Klasse? _____ .

Zusatz: Verbinde den Gegenstand mit dem passenden Gewicht.

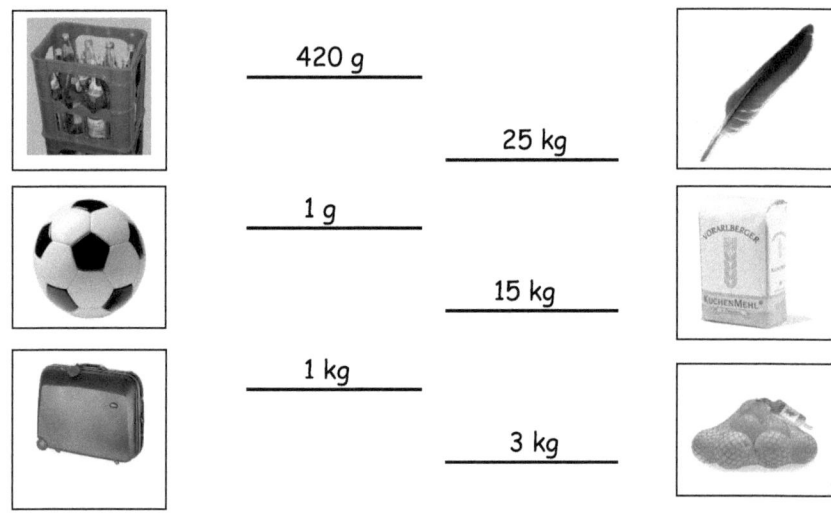

420 g

25 kg

1 g

15 kg

1 kg

3 kg

Zusatz: Ein Auto wiegt leer 770 kg.

Das zulässige Gesamtgewicht ist 1035 kg.

Kann die Familie alles mitnehmen?

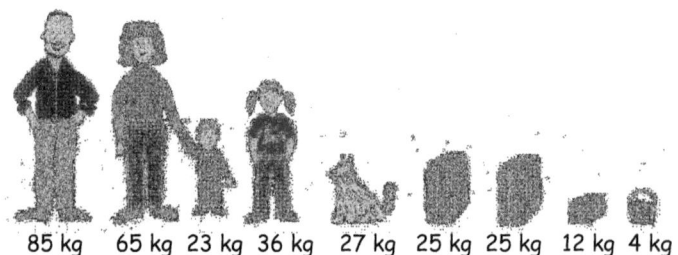

85 kg   65 kg   23 kg   36 kg   27 kg   25 kg   25 kg   12 kg   4 kg

Zusatz: Wie viele Büroklammern sind in der Box?

Verwende die Küchenwaage zum Wiegen.

(Wenn du fertig bist mit dem Wiegen ausschalten!)

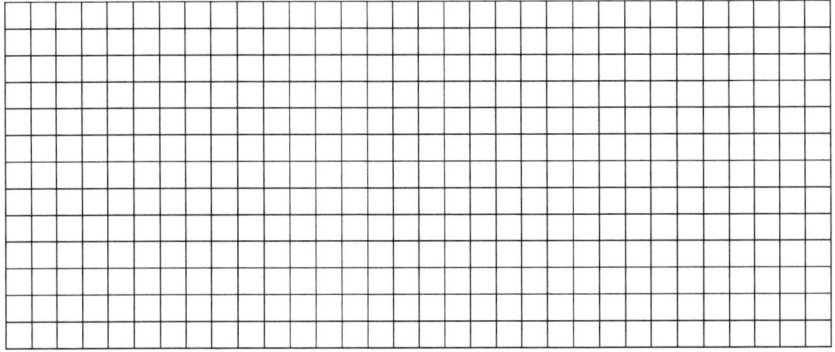